景观植物100种

林方喜 著

中国农业科学技术出版社

图书在版编目（CIP）数据

景观植物 100 种 / 林方喜著. -- 北京：中国农业科学技术出版社，2021.9
ISBN 978-7-5116-5440-3

Ⅰ. ①景… Ⅱ. ①林… Ⅲ. ①亚热带—园林植物 Ⅳ. ① S68

中国版本图书馆 CIP 数据核字（2021）第 157489 号

责任编辑　徐定娜　　倪小勋
责任校对　贾海霞
责任印制　姜义伟　　王思文

出 版 者　中国农业科学技术出版社
　　　　　北京市中关村南大街 12 号　　邮编：100081
电　　话　（010）82105169（编辑室）
　　　　　（010）82109702（发行部）　（010）82109709（读者服务部）
传　　真　（010）82106626
网　　址　http://www.castp.cn
经 销 者　各地新华书店
印 刷 者　北京科信印刷有限公司
开　　本　185mm×260mm　1/16
印　　张　7
字　　数　141 千字
版　　次　2021 年 9 月第 1 版　　2021 年 9 月第 1 次印刷
定　　价　68.00 元

前 言
PREFACE

　　景观植物是指具有一定观赏价值，应用于公园、花园等各类景观中的植物。景观植物种类繁多、习性各异，栽培管理方法相差很大，不仅具有美学价值，而且还有药用价值、食用价值和生态环境价值，在建设花园城市和美丽乡村、生态保护和环境治理、改善人类健康等方面正发挥着越来越大的作用。

　　本书主要选择亚热带地区观赏价值较高的100种景观植物，以木本景观植物、草本景观植物、水生景观植物、藤本景观植物、芳香景观植物、竹类景观植物和棕榈类景观植物的顺序依次介绍各种景观植物的分类、原产地、生态习性、繁殖方法和应用价值。在木本景观植物中还按花朵和叶片的色彩作了分类。希望本书能为景观规划设计和景观营造专业技术人员，以及相关人士提供参考。由于时间仓促、水平有限，书中难免有疏漏和不当之处，敬请广大读者批评指正。

　　本书获得了福建省属公益类科研院所基本科研专项（2019R1032-3）的支持，参考引用了相关领域专家的著作和文章，从中受到许多的启迪与帮助，在照片拍摄、图片处理、资料收集以及文字编辑等方面得到了潘宏、张燕青、陈艺荃、吴建设等同仁的大力协助，此外，马超、艾世昌等友人也为本书提供了一些优美的照片，在此一并表示感谢。

林方喜
2021 年 5 月

目 录
CONTENTS

1

1

木本景观植物

黄色花类

1.1　银叶金合欢（*Acacia podalyriifolia*）

　　银叶金合欢（图1-1）是豆科金合欢属植物，又名珍珠金合欢、珍珠相思，原产于热带美洲，现广布于热带和亚热带地区。银叶金合欢是灌木或小乔木，高 2 ～ 4m，树冠可伸展到宽 3m，树形美观俊挺，叶片和成熟后的叶片形态截然不同，前者似轻柔白羽毛，后者却呈椭圆形，为迷人的银绿色，冬季和早春盛开朵朵芬芳的金黄色球状花。喜阳光和温暖的气候，适宜所有排水性良好的土壤，耐旱，在温带、亚热带及半干旱地区都能生长。可用播种和扦插繁殖。银叶金合欢植于山坡或滨水地带，其优雅的树姿和艳丽的色彩构成一道亮丽的景观。银叶金合欢也是一种风景林改造的适宜树种（唐洪辉 等，2018）。

图 1-1　银叶金合欢

（图片来源：林方喜 摄）

1.2　腊肠树（*Cassia fistula*）

　　腊肠树（图 1-2）又名阿勃勒、波斯皂荚、金链花、黄金雨、牛角树，为豆科决明属乔木，原产于印度、斯里兰卡和缅甸。腊肠树为热带树种，树姿优美，花淡黄色，鲜艳，下垂的圆锥花序极具美感。6—7 月开花，喜温暖多湿气候，性喜光，也能耐一定荫蔽，喜湿润肥沃的中性冲积土，以沙质壤土最佳，排水、日照需良好，生育适温 23～32℃，能耐最低温度为 -3～-2℃。在干燥瘠薄壤土上也能生长，病虫害少，为热带优良观赏树。在春季和秋季可用播种和扦插进行繁殖，幼苗生长到 1m 以上再定植。腊肠树是优良的行道树和庭园树。

图 1-2　腊肠树

（图片来源：林方喜　摄）

图 1-3　黄　蝉

（图片来源：林方喜　摄）

1.3　黄　蝉（*Allamanda neriifolia*）

　　黄蝉（图 1-3）是夹竹桃科黄蝉属常绿灌木，原产于美国南部及巴西，分布于热带美洲，植株浓密，叶色碧绿，花期 5—6 月，聚伞花序，花朵金黄色，花朵明快灿烂。喜高温、多湿，充足的阳光，稍耐半阴，在肥沃、排水良好的土壤生长良好，忌积水和盐碱地。不耐寒冷，忌霜冻，遇长期 5～6℃低温，枝叶受害，生长适温为 18～30℃，在 35℃以上也可正常生长，冬季休眠期适温 12～15℃。繁殖方法可分为种子播种和扦插繁殖。适宜草地点缀种植。

图 1-4　黄花风铃木

（图片来源：林方喜　摄）

1.4　黄花风铃木（*Handroanthus chrysanthus*）

　　黄花风铃木（图 1-4）是紫葳科风铃木属落叶乔木，高可达 5m。原产于墨西哥、中南美洲，中国自南美巴拉圭引进栽种。黄花风铃木是随着四季而变化风貌的树种。春天开漂亮的黄花，夏天长叶结果，秋天枝叶繁盛，一片绿油油的景象，冬天落叶，呈现出凄凉之美，这就是黄花风铃木在春、夏、秋、冬所展现出不同的独特风采。黄花风铃木喜高温，生育适温 23～30℃，适合热带和南亚热带地区栽培。土层深厚，土壤肥沃，有机质含量丰富的土壤适宜黄花风铃木生长发育。可用播种、扦插或高压法繁殖，但以播种为主。黄花风铃木春华、夏实、秋绿、冬枯，色彩随季节变化，可在公园、道路、草坪、滨水区种植。

1.5 迎 春（*Jasminum nudiflorum*）

迎春（图1-5）是木犀科素馨属植物，又名迎春花、黄素馨、金腰带，原产于中国华南和西南的亚热带地区，南北方普遍栽培。株高30～100cm，小枝细长直立或拱形下垂。花单生枝条上，花黄色，花期2—4月。迎春花与梅花、水仙和山茶花统称为"雪中四友"，是中国常见的景观植物。迎春花喜温暖湿润的气候，喜光，稍耐阴，略耐寒，喜阳光，耐旱不耐涝，不耐盐碱。在疏松肥沃和排水良好的沙质土壤中生长良好。迎春花根部萌发力强，枝条着地部分极易生根，一般用扦插繁殖。迎春枝条披垂，冬末至早春开花，花色金黄，叶丛翠绿，宜配置在湖边、溪畔、桥头和林缘。

图1-5 迎 春

（图片来源：林方喜 摄）

1.6 双荚槐（*Cassia bicapsularis*）

双荚槐（图1-6）是豆科决明属灌木，又名双荚黄槐、双荚决明，原产于南美，20世纪90年代从国外引入中国。株高1～2m，花色金黄，花期6—11月，是一种生长快、花期长的景观植物。双荚槐喜光，生长迅速，耐修剪，能耐-5℃低温，对土壤条件要求不严，病虫害少，适应性强。双荚槐繁殖方法可分为种子播种和扦插繁殖。绿色的草地上点缀几丛金黄色的双荚槐是一道独特的风景。

图1-6 双荚槐

（图片来源：林方喜 摄）

1.7　黄花槐（*Cassia surattensis* **Burm.f**）

　　黄花槐（图 1-7）是苏木科决明属植物，又名粉叶决明、黄槐、美国黄槐、黄槐决明（黄宝琼，1992；李彬，2004；中科院昆明植物研究所，2021），原产于印度、斯里兰卡、印度尼西亚、菲律宾和澳大利亚等地区，目前世界各地均有栽培，我国主要在广西、广东、福建和台湾等省区栽培。灌木或小乔木，高 5 ～ 7m，分枝多，花鲜黄至深黄色，盛花期 5—7 月和 10 月至翌年 1 月，其他月份也有花，几乎全年都在开花。喜温暖湿润，但也耐寒，能耐 -5℃低温，对土壤条件要求不严，生长快，病虫害少，适应性强。可以播种和扦插繁殖。黄花槐花色艳丽，叶片翠绿，株型优美，观赏价值高，是一种优良的景观植物，可作为行道树和庭园树，在水边成排种植可以形成一处迷人的景观。

图 1-7　黄花槐

（图片来源：林方喜 摄）

1.8　黄花夹竹桃（*Thevetia peruviana*）

黄花夹竹桃（图1-8）为夹竹桃科、黄花夹竹桃属下的常绿乔木植物，又名酒杯花、柳木子、黄花状元竹，原产于美洲热带、西印度群岛及墨西哥一带，中国则分布于台湾、福建、广东等地。高达5m，全株无毛，叶互生，近革质，线形或线状披针形，花黄色，具香味，花期5—12月。黄花夹竹桃喜高温多湿气候，在土壤较湿润而肥沃的地方生长较好，耐旱力强，也稍耐轻霜。可以播种和扦插繁殖。黄花夹竹桃因其叶形纤细，花朵黄色，鲜艳夺目，美学价值高，适合在公园和庭园种植，但全株有毒。

图1-8　黄花夹竹桃

（图片来源：林方喜　摄）

白色花类

1.9 广玉兰（*Magnolia grandiflora*）

广玉兰（图 1-9）为木兰科木兰属植物常绿乔木，别名洋玉兰、荷花玉兰，原产于美国东南部，分布在北美洲以及中国大陆的长江流域及以南地区。广玉兰树姿优美，叶阔荫浓，花似荷花，对二氧化硫等有毒气体有较强抗性，可用于净化空气，保护环境。花白色，直径 15 ～ 20cm，花期 5—6 月。广玉兰喜光，喜温湿气候，有一定抗寒能力，适生于肥沃、湿润与排水良好微酸性或中性土壤，在碱性土壤中种植易发生黄化，忌积水、排水不良。可采用播种、嫁接、压条和扦插等方法进行繁殖。广玉兰最宜孤植在空旷的草地上，也可作行道树。

图 1-9　广玉兰

（图片来源：林方喜　摄）

1.10　玉　兰（*Magnolia denudata*）

　　玉兰（图1-10）为木兰科木兰属落叶乔木，别名白玉兰、望春、玉兰花，原产于中国中部各省，花白色，大型、芳香，花冠杯状，花先开放，然后新叶长出，2—3月开花，花期10天左右。玉兰性喜光，较耐寒，在肥沃、排水良好的微酸性的沙质土壤中生长良好，在弱碱性的土壤上也可生长，对有害气体的抗性较强。玉兰的繁殖可采用嫁接、压条、扦插、播种等方法。玉兰是名贵的观赏植物，其花朵大，花形俏丽，是南方早春重要的观花树木，常用作庭园树。

图1-10　玉　兰

（图片来源：林方喜　摄）

1.11 小叶栀子 (*Gardenia jasminoides*)

　　小叶栀子（图 1-11）是茜草科栀子属常绿灌木，又名雀舌栀子、小花栀子，原产于中国。小叶栀子为常绿灌木，单叶对生或 3 叶轮生，叶片倒卵形，革质，翠绿有光泽，花白色，极芳香，花期较长，从 4 月连续开花至 8 月。栀子性喜温暖湿润气候，不耐寒，适宜在稍荫蔽处生长；在疏松、肥沃、排水良好的酸性土壤中生长良好。可用扦插、压条和播种繁殖。小叶栀子枝叶繁茂，四季常绿，芳香素雅，绿叶白花，清新可爱，为庭园中优良的景观植物。它适用于池畔和路旁配置，也可用作花篱。

图 1-11　小叶栀子

（图片来源：林方喜　摄）

蓝紫色花类

1.12 蓝花楹（*Jacaranda mimosifolia*）

蓝花楹（图 1-12）为紫葳科蓝花楹属乔木，原产于南美巴西、玻利维亚、阿根廷等地。蓝花楹树姿优美，叶纤细，十分清雅，着花密集，清幽怡人，高达 15m，花期5—6 月。喜温暖气候，适宜生长温度 22～30℃，冬季气温低于 15℃，生长则停滞；若低于 5℃，有冻坏的风险，蓝花楹不耐霜雪，冬季要注意控制温度，夏季气温高于32℃，生长也受抑制。生性喜光，最好是种在阳光充足的地方，但是也能耐半阴，对土壤条件要求不严，在一般中性和微酸性的土壤中都能生长良好。可以播种繁殖、扦插繁殖以及组织培养繁殖。蓝花楹开花时十分美丽，可作行道树和庭园树。

图 1-12 蓝花楹

（图片来源：林方喜 摄）

1.13 紫玉兰（*Magnolia liliiflora*）

　　紫玉兰（图 1-13）是木兰科木兰属木本植物，又名木兰、辛夷，为中国特有的植物，分布在中国云南、福建、湖北、四川等地，生长于海拔 300 ～ 1600m 的地区，一般生长在山坡林缘。花瓣外面紫色，里面白色（Bridwell，2003；中科院昆明植物研究所，2021），花朵艳丽，花期 2—4 月。喜温暖湿润和阳光充足环境，较耐寒，但不耐旱和盐碱，怕水淹，要求肥沃、排水好的沙质土壤。紫玉兰可用播种、分株、压条进行繁殖。紫玉兰孤植或丛植都很美观，枝繁花艳，是优良的庭园树。

图 1-13　紫玉兰

（图片来源：林方喜　摄）

1.14　大花紫薇（*Lagerstroemia speciosa*）

　　大花紫薇（图1-14）是千屈菜科紫薇属乔木，别名大叶紫薇，原产于斯里兰卡、印度、马来西亚、越南及菲律宾。大花紫薇叶革质，矩圆状椭圆形或卵状椭圆形，花紫色或淡红色，直径5cm，顶生圆锥花序，花期5—7月。性喜温暖湿润的气候，较不耐寒，适应能力强，喜光，耐高温烈日，不耐阴，喜排水良好的酸性土壤，生长适温为20～23℃。用播种、扦插和压条繁殖。大花紫薇花朵较大，花色艳丽，花期长久，常栽培于庭园供观赏。

图 1-14　大花紫薇

（图片来源：林方喜　摄）

1.15 细叶萼距花 (*Cuphea hyssopifolia*)

　　细叶萼距花（图 1-15）是千屈菜科萼距花属小灌木，别名紫花满天星（中国科学院植物研究所，2021），满天星和细叶雪茄花，原产于墨西哥和中南美洲。细叶萼距花植株矮小，分枝多而细密。叶对生，卵状披针形，长 3～4cm，翠绿，花单生叶腋，花小而多，紫色、盛花时状似繁星，春夏秋冬开花不断。喜高温，不耐寒，喜光，也能耐半阴，在全日照、半日照条件下均能正常生长，喜排水良好的沙质土壤。以扦插繁殖为主，也用播种繁殖。细叶萼距花是优良的地被植物，常用于各种花坛和绿地种植。

图 1-15　细叶萼距花

（图片来源：林方喜 摄）

红色花类

1.16 凤凰木（*Delonix regia*）

凤凰木（图1-16）为豆科凤凰木属落叶乔木，原产于马达加斯加，我国云南、广西壮族自治区、广东、福建、台湾等省区常见栽培。高可达20m，树冠宽广，二回羽状复叶，小叶长椭圆形。夏季开花，总状花序，花大，红色，有光泽。凤凰木因鲜红或橙色的花朵配合鲜绿色的羽状复叶，被誉为世上色彩最鲜艳的树木之一。凤凰木植株高大，树冠横展，是重要的遮阴树。凤凰木喜高温多湿和阳光充足环境，生长适温20～30℃，不耐寒，冬季温度不低于10℃，以深厚肥沃、富含有机质的沙质土壤为宜，怕积水，较耐干旱和瘠薄土壤，可用播种进行繁殖。凤凰木树冠高大，花红叶绿，满树如火，可用于孤植或行道树。

图1-16 凤凰木

（图片来源：林方喜 摄）

1.17 木 棉（*Gossampinus malabarica*）

木棉（图 1-17）属木棉科木棉属木本植物，又名红棉、英雄树和攀枝花，原产于印度。木棉是一种在热带及亚热带地区生长的落叶大乔木，高 10 ～ 25m。木棉春天一树橙红，夏天绿叶成荫，秋天枝叶萧瑟，冬天秃枝寒树，四季展现不同的景象。木棉花橘红色，2—4 月开花，先开花后长叶。喜光，喜暖热气候，不耐寒，较耐干旱，忌积水。对土壤条件要求不严，但在冲积土中生长较好，播种方法繁殖。木棉树形高大雄伟，树冠整齐，多呈伞形，早春先花后叶，如火如荼，十分红艳美丽，常作为行道树和庭园树。

图 1-17 木 棉

（图片来源：林方喜 摄）

1.18　美丽异木棉（*Ceiba speciosa*）

　　美丽异木棉（图 1-18）是木棉科吉贝属落叶乔木，又名美人树、美丽木棉和丝木棉，原产于南美洲，高 12～18m，树冠呈伞形，叶色青翠，树干下部膨大，呈酒瓶状，树皮绿色，叶互生，掌状复叶有小叶 3～7 片。花单生，花冠淡粉红色，中心白色，花期为每年的 10—12 月。美丽异木棉性喜光而稍耐阴，喜高温多湿气候，略耐旱瘠，忌积水，对土质条件要求不严，但以土层疏松、排水良好的沙壤土或冲击土为佳，一般采用播种繁殖。美丽异木棉秋季开花，是优良的观花乔木，可用作行道树和庭园树。

图 1-18　美丽异木棉

（图片来源：林方喜 摄）

1.19 鸡冠刺桐（*Erythrina crista-galli*）

　　鸡冠刺桐（图 1-19）是豆科刺桐属木本植物，原产于南美巴西、秘鲁及菲律宾、印度尼西亚。羽状复叶具 3 小叶，小叶长卵形或披针状长椭圆形，花期 4—7 月，花红色。鸡冠刺桐喜光，也耐轻度荫蔽，喜高温，但具有较强的耐寒能力，适应性强，耐旱、耐贫瘠，抗盐碱，但不耐涝。对土壤条件要求不严，在排水良好的肥沃土壤或沙质土壤生长最佳。常用为播种和扦插方法繁殖。鸡冠刺桐适应性强，姿态优美，花繁叶茂，色泽艳丽，花形别致，花期长，适宜种植在草坪或者路边，具有净化空气和美化环境的作用。

图 1-19　鸡冠刺桐

（图片来源：林方喜　摄）

1.20 龙牙花（*Erythrina corallodendron*）

龙牙花（图 1-20）是豆科刺桐属木本植物，又名象牙红、龙芽花、乌仔花，原产于南美洲。灌木或落叶小乔木植物，高 3 ~ 15m，树冠可达 3.5m，树皮粗糙，灰褐色，叶为三出羽状复叶，互生，初夏开花，花红色。龙牙花喜阳光充足和温暖湿润，能能耐半荫，稍能耐寒，对土壤肥力要求不严，在湿润和疏松的土壤中生长良好，不耐干旱。用播种和扦插方法繁殖。龙牙花是一种优良的景观植物，深红色的总状花序好似一串红色月牙，艳丽夺目，适用于公园和庭园栽植。

图 1-20　龙牙花

（图片来源：林方喜　摄）

1.21 龙船花（*Ixora chinensis*）

龙船花（图 1-21）又名山丹、仙丹花、百日红，为茜草科龙船花属植物，原产于中国南部地区和马来西亚。灌木，植株低矮，花叶秀美，开红色花的品种最常见。龙船花花期较长，盛花期在 5 月底至 6 月初。龙船花较适合高温及日照充足的环境，喜湿润炎热的气候，不耐低温。生长适温在 23 ~ 32℃，当气温低于 20℃，其长势减弱，开花明显减少，但若日照充足，仍有一定数量的花苞；当温度低于 10℃，其生理活性降低，生长缓慢；当温度低于 0℃时，会产生冻害。龙船花喜酸性土壤，最适合的土壤 pH 值为 5 ~ 5.5。最佳的栽培土质是富含有机质的沙质土壤或腐殖质土壤。如土壤偏碱性，龙船花则生长受阻，发育不良。龙船花繁殖用播种、压条、扦插均可，但一般多用扦插法。龙船花适合乡村庭园和公园种植，植株高低错落，花色鲜丽，景观效果极佳。

图 1-21　龙船花

（图片来源：林方喜　摄）

1.22　茶　梅（*Camellia sasanqua*）

图 1-22　茶　梅

（图片来源：林方喜 摄）

茶梅（图 1-22）是山茶科山茶属木本植物，茶梅原产于长江以南地区，主产于中国江苏、浙江等沿江及福建、广东等南方各省，日本也有分布。株型秀丽、叶形雅致、枝条开放、分枝低、易修剪造型，花红色，花期 11 月初至翌年 3 月。茶梅性喜阴湿，以半阴半阳最为适宜。夏日强光可能会灼伤其叶和芽，导致叶卷脱落，喜温暖湿润气候，适宜在肥沃疏松、排水良好的酸性砂质土壤中生长，碱性土和黏土不适宜种植茶梅。宜生长在富含腐殖质、湿润的微酸性土壤，pH 值 5.5 ～ 6 为宜。较耐寒，但盆栽一般以不低于 −2℃ 为好，最适宜温度为 18 ～ 25℃。抗性较强，病虫害少。可用播种、扦插和嫁接法繁殖。茶梅是一种优良的花灌木，可植于林缘、角落和墙基等处作点缀，也可作绿篱种植。

1.23　红花檵木（*Loropetalum chinense* var. *rubrum*）

红花檵木（图 1-23）为金缕梅科檵木属檵木的变种，分布于我国中部、南部、西南各省，以及日本、印度。常绿灌木或小乔木，树皮暗灰或浅灰褐色，多分枝，叶革质互生，卵圆形或椭圆形，两面均有星状毛，全缘，暗红色，花红色，花期 3—4 月。红花檵木喜温暖和光照，耐旱，耐寒冷，耐瘠薄，在肥沃、湿润的微酸性土壤中生长良好，萌芽力强，耐修剪，易造型。可用播种、扦插和嫁接法等繁殖。红花檵木枝繁叶茂，姿态优美，花开时节，满树红花，同时也是重要的彩叶观赏植物，可作绿篱等。

图 1-23　红花檵木

（图片来源：林方喜 摄）

1.24 福建山樱花（*Prunus campanulata*）

　　福建山樱花（图1-24）为蔷薇科樱属落叶乔木，广泛分布于我国福建、浙江、广东、广西和台湾等地。福建山樱花树冠卵圆形至圆形，单叶互生，花单生枝顶或簇生，呈伞形或伞房状花序，花色绯红，花期1—3月，是冬季和早春的优良花木。喜阳、较耐寒和耐旱，忌盐碱，适宜在疏松、肥沃、排水良好的土壤中生长。福建山樱花用播种和嫁接方法繁殖，株型优美，叶片油亮，花朵鲜艳亮丽，是园林绿化中优良的观花树种，广泛用于道路、公园和庭园绿化。

图1-24　福建山樱花

（图片来源：林方喜　摄）

1.25 垂枝红千层（*Callistemon viminalis*）

垂枝红千层（图 1-25）为桃金娘科红千层属植物，原产于澳大利亚。常绿灌木或小乔木，高可达 6m；树皮暗灰色，不易剥离，叶互生，条形，长 3 ～ 8cm，宽 2 ～ 5mm，花红色，花期 3—5 月及 10 月。喜阳光和温暖湿润气候，可耐 -5℃低温和 45℃高温，生长适温为 25℃左右。对水分条件要求不严，但在湿润的条件下生长较快。垂枝红千层用播种和扦插方法繁殖。垂枝红千层花色艳丽，花期长，花数多，适合庭园种植。

图 1-25　垂枝红千层

（图片来源：林方喜 摄）

1.26 石 榴（*Punica granatum*）

　　石榴（图1-26）为石榴科石榴属植物；又名安石榴、若榴、丹若等，原产于巴尔干半岛至伊朗及其邻近地区，全世界的温带和热带都有种植。石榴为落叶乔木或灌木，单叶，通常对生或簇生，无托叶，花期5—6月，榴花似火，果期9—10月。喜温暖向阳的环境，耐旱、耐寒，也耐瘠薄，不耐涝和荫蔽，对土壤条件要求不严，但以排水良好的沙壤土栽培为宜。石榴用扦插和压条方法繁殖。石榴初夏开花，绿荫中，燃起一片火红，灿若云霞，花后两三个月，红红的果实又挂满了枝头，是一种既可观花，又可食用的优良观赏植物。

图1-26　石　榴

（图片来源：林方喜　摄）

1.27　槭叶酒瓶树（*Brachychiton acerifolius*）

　　槭叶酒瓶树（图 1-27）是梧桐科酒瓶树属植物，又名澳洲火焰木，原产于澳大利亚。乔木，主干通直，冠幅较大，树枝层次分明，幼树枝条绿色。叶互生，掌状，苗期 3 裂，长成大树后叶 5 ～ 9 裂。夏季开花，圆锥状花序，腋生，花色艳红；花小铃铛形或小酒瓶状，花期 4—7 月。性喜湿润、强光，以湿润排水良好的土壤生长良好，也可在沙质土壤生长，耐旱、耐寒，可耐 -4℃低温，抗病性强。一般用种子繁殖，也可嫁接繁殖。槭叶酒瓶树树形十分优美，花深红色，量大而艳丽，先花后叶，初夏开花，适合于庭园和公园种植，可孤植，也可作行道树。

图 1-27　槭叶酒瓶树

（图片来源：林方喜 摄）

1.28　夹竹桃（*Nerium indicum*）

　　夹竹桃（图1-28）是夹竹桃科夹竹桃属植物，又名红花夹竹桃，原产于印度、伊朗和尼泊尔，世界热带地区广泛种植。常绿灌木，高可达6m，多分枝。树皮灰色，光滑，嫩枝绿色。三叶轮生，叶革质，窄披针形，先端锐尖，基部楔形。边缘略内卷，中脉明显，侧脉纤细平行，与中脉成直角。6—10月花开不断，聚伞花序顶生，红色或白色，有重瓣和单瓣之分。喜光，耐半阴。喜温暖湿润，畏严寒。能耐一定的大气干旱，忌水涝，对土壤条件要求不严。用扦插和压条繁殖。夹竹桃终年常绿，花色艳丽，适应性强，适宜在林缘、墙边、河旁及工厂种植，耐烟尘、抗污染，植株有毒，可入药，应用时应注意。夹竹桃不仅具有一定的美学价值，而且具有生态环境价值，城乡景观营造中可选择适当的场地种植，以扬长避短，发挥它应有的作用。

图1-28　夹竹桃

（图片来源：林方喜　摄）

多色花类

1.29 紫 薇 (*Lagerstroemia indica*)

紫薇（图 1-29）又名痒痒花、痒痒树，千屈菜科紫薇属落叶灌木或小乔木，树姿优美，树干光滑洁净，高可达 7m。花色艳丽，有玫红、大红、深粉红、淡红色、紫色和白色，花期 6—9 月，开花时正当夏秋少花季节。紫薇喜暖湿气候，喜光，略耐阴，喜肥，尤喜深厚肥沃的砂质土壤，好生于略有湿气之地，也耐干旱，性喜温暖，而能抗寒，萌蘖性强。紫薇还具有较强的抗污染能力，对二氧化硫、氟化氢及氯气的抗性较强。紫薇常用繁殖方法为播种和扦插，其中扦插方法更好，扦插与播种相比成活率更高，植株的开花更早，成株快，而且苗木的生产量也较高。紫薇适宜乡村庭园和公园等场所点缀种植。

图 1-29 紫 薇

（图片来源：林方喜 摄）

1.30　鸳鸯茉莉（*Brunfelsia latifolia*）

　　鸳鸯茉莉（图 1-30）是茄科鸳鸯茉莉属常绿矮灌木，鸳鸯茉莉原产于中美洲及南美洲。鸳鸯茉莉高 50 ～ 100cm，花期 4—10 月，单花开放 5 天左右。花朵初开为蓝紫色，渐变为雪青色，最后变为白色，由于花开有先后，在同株上能同时见到蓝紫色和白色的花，故又叫双色茉莉。喜高温、湿润、光照充足的气候和疏松肥沃、排水良好的微酸性土壤，耐半阴，耐干旱，耐瘠薄，忌涝，畏寒冷，生长适温为 18 ～ 30℃。鸳鸯茉莉繁殖可用压条和扦插法。适宜在庭园中种植，也可作为花灌木树篱种植。

图 1-30　鸳鸯茉莉

（图片来源：林方喜 摄）

1.31 山 茶（*Camellia japonica*）

山茶（图 1-31）是山茶科山茶属木本植物，原产于中国。叶革质，椭圆形。花顶生，花色繁多，大多数为红色或淡红色，也有白色，多为重瓣，花期 10 月至翌年 4 月。喜温暖、湿润和半阴环境，怕高温，忌烈日。山茶的生长适温为 18 ～ 25℃，耐寒品种能短时间耐 -10℃，一般品种能耐 -4 ～ -3℃。夏季温度超过 35℃，就会出现叶片灼伤现象。山茶适宜水分充足、空气湿润环境，忌干燥。高温干旱的夏秋季，应及时浇水或喷水，空气相对湿度以 70% ～ 80% 为好。山茶属半阴性植物，宜于散射光下生长，怕直射光暴晒，幼苗需遮阴。排水性好，pH 值 5 ～ 6 的微酸性肥沃疏松土壤最适宜茶花生长。山茶用扦插、嫁接、压条、播种和组织培养等方法繁殖，通常以扦插为主。山茶树姿优美，叶色翠绿，花大艳丽，枝叶繁茂，四季长青，开花于冬末春初万花凋谢之时，适合庭园种植观赏。

图 1-31 山 茶

（图片来源：潘宏 摄）

1.32 杜 鹃（*Rhododendron simsii*）

杜鹃（图 1-32）是杜鹃花科杜鹃花属灌木，又称杜鹃花、山踯躅、山石榴、映山红，广泛分布于长江流域以南各地。杜鹃品种繁多，花色丰富，有红色、紫色、黄色、白色和复色等。杜鹃性喜凉爽和湿润的半阴环境，既怕酷热又怕严寒，生长适温为 12 ～ 25℃，夏季气温超过 35℃，则新梢和新叶生长缓慢，处于半休眠状态。夏季要防晒遮阴，冬季应注意保暖防寒。忌烈日暴晒，适宜在光照强度不大的散射光下生长，光照过强，嫩叶易被灼伤，新叶老叶焦边，严重时会导致植株死亡。杜鹃生于山地疏灌丛或松林下，喜欢酸性土壤，土壤学家常常把杜鹃作为酸性土壤的指示作物。杜鹃常用播种、扦插和嫁接法繁殖。杜鹃花色绚丽，花叶兼美，适合在绿地中成片种植。

图 1-32 杜 鹃

（图片来源：林方喜 摄）

1.33 樱 花（*Prunus serrulata*）

　　樱花（图 1-33）是蔷薇科樱属乔木，樱花原产于北半球温带环喜马拉雅山地区。花每枝 3～5 朵，成伞状花序，花色多为粉红色、白色，花期 3—4 月。樱花性喜阳光和温暖湿润的气候条件，对土壤条件要求不严，宜在疏松肥沃、排水良好的砂质土壤中生长，不耐盐碱土，根系较浅，忌积水低洼地，有一定的耐寒和耐旱力。以播种、扦插和嫁接法繁殖。樱花花色鲜艳亮丽，枝叶繁茂旺盛，是早春重要的观花树种，常以群植，也可植于山坡、庭园、路边、建筑物前。盛开时节，满树花朵，如云似霞，极为壮观。可大片栽植形成花海景观，可三五成丛点缀于绿地，也可孤植，还可以作行道树。

图 1-33 樱 花

（图片来源：林方喜 摄）

1.34 碧 桃（*prunus persica var. duplex*）

　　碧桃（图 1-34）是蔷薇科李属植物桃的变种，观赏桃花类的半重瓣及重瓣品种统称为碧桃，原产于中国，各省区广泛栽培，世界各地均有栽植。花期 3—4 月，色彩鲜艳，花型丰富。碧桃喜向阳和温暖的生长环境，耐寒的能力较好，比较耐旱，但是不耐水湿，在肥沃，排水性良好的沙质土壤中生长良好。碧桃常用嫁接法繁殖。碧桃具有很高的观赏价值，是小区、公园、街道随处可见的美丽植物，可成片种植形成桃林，也可孤植点缀于草坪中。

图 1-34 碧 桃

（图片来源：林方喜 摄）

1.35 梅 花（*Armeniaca mume*）

梅花（图 1-35）是蔷薇科杏属小乔木，原产于中国，中国各地均有栽培，但以长江流域以南地区最多。梅花高 4～10m；树皮浅灰色或带绿色，平滑；小枝绿色，光滑无毛。叶片卵形或椭圆形，叶边常具小锐锯齿，灰绿色。花瓣倒卵形，白色至粉红色，花期冬春季。梅花已有 3000 多年的栽培历史，无论作观赏或果树均有许多品种，位于中国十大名花之首，与兰花、竹子、菊花一起列为四君子，与松、竹并称为"岁寒三友"。在中国传统文化中，梅以它的高洁、坚强、谦虚的品格，给人以立志奋发的激励。

梅花性喜温暖、湿润的气候，在光照充足、通风良好条件下能较好生长，对土壤条件要求不严，耐瘠薄，耐寒，怕积水。适宜在表土疏松、肥沃、排水良好、底土稍黏的湿润土壤中生长。喜爱温暖和充足的光照。一般耐 -10℃低温，也耐高温，在 40℃条件下也能生长，在年平均气温 16～23℃地区生长发育最好。生长期要求阳光充足、通风良好，若光照不足，则生长瘦弱，开花稀少。常用压条、扦插和播种法繁殖。梅花最宜植于庭园、草坪、低山丘陵，可孤植、丛植、群植。

图 1-35 梅 花

（图片来源：林方喜 摄）

1.36 月 季（*Rosa chinensis*）

月季（图 1-36）是蔷薇科蔷薇属灌木，被称为花中皇后，又称月月红，也称月季花，中国是月季的原产地之一。月季为落叶或常绿灌木，或蔓状与攀援状藤本植物，茎为棕色偏绿，具有钩刺或无刺，小枝绿色，叶为墨绿色，叶互生，奇数羽状复叶，小叶一般 3～5 片，四季开花，一般为红色，或粉色、偶有白色和黄色，自然花期 8 月到翌年 4 月，花呈大型，由内向外，呈发散型，有浓郁香气，可广泛用于园艺栽培和切花。月季种类主要有切花月季、食用玫瑰、藤本月季、地被月季等。

月季适应性强，耐寒耐旱，对土壤要求不严格，但以富含有机质、排水良好的微带酸性沙壤土为好。一般气温在 22～25℃ 为生长的适宜温度，夏季高温对开花不利。喜日照充足，空气流通，排水良好而避风的环境，盛夏需适当遮阴。多数品种最适温度白昼 15～26℃，夜间 10～15℃。较耐寒，冬季气温低于 5℃ 即进入休眠。如夏季高温持续 30℃ 以上，则多数品种开花减少，品质降低，进入半休眠状态，一般品种可耐 -15℃ 低温。

月季大多采用扦插法繁殖，也可分株、压条繁殖。扦插一年四季均可进行，但以冬季或秋季的梗枝扦插为宜，夏季的绿枝扦插要注意水的管理和温度的控制，否则不易生根，冬季扦插一般在温室或大棚内进行，如露地扦插要注意增加保湿措施。

月季是春季主要的观赏花卉，其花期长，观赏价值高，深受人们的喜爱。因其攀援生长的特性，也可用于垂直绿化，利用各种拱形、网格形架子供月季攀爬，再经过适当的修剪整形，可营造富有魅力的景观。

图 1-36 月 季

（图片来源：陈艺荃 摄）

1.37 扶 桑（*Hibiscus rosa-sinensis*）

扶桑（图1-37）是锦葵科木槿属常绿灌木，别名佛槿、朱槿，原产于中国南部、东南亚、美国东南部和夏威夷，常绿灌木，高1～3m，小枝圆柱形，叶阔卵形或狭卵形，花单生于上部叶腋间，花冠漏斗形，直径6～10cm，玫瑰红色或淡红、淡黄等色。花期全年。扶桑喜温暖湿润气候，不耐寒冷，强阳性植物，不耐阴，在阳光充足通风的场所生长良好，对土壤条件要求不严，但在肥沃疏松的微酸性土壤中生长最好，冬季温度不低于5℃，耐修剪，发枝力强，主要采用扦插繁殖。扶桑是中国名花，花大色艳，花期长，几乎终年不绝，开花量多，除红色外，还有粉红、橙黄及黄色等不同品种，广泛应用在亚热带地区庭园中。

图 1-37 扶 桑

（图片来源：林方喜 摄）

1.38　绣球花（*Hydrangea macrophylla*）

　　绣球花（图1-38）是虎耳草科绣球属灌木，别名八仙花，原产于中国和日本。高1～4m，茎常于基部发出多数放射枝而形成一圆形灌丛，枝圆柱形，叶纸质或近革质，倒卵形或阔椭圆形，伞房状聚伞花序近球形，直径8～20 cm，花密集，粉红色、淡蓝色或白色。花期6—8月。喜温暖、湿润和半阴环境。绣球花的生长适温为18～28℃，冬季温度不低于5℃。土壤以疏松、肥沃和排水良好的砂质壤土为好，主要采用扦插和分株繁殖。绣球花花型丰满，大而美丽，其花色有红有蓝，令人悦目怡神，是常见的盆栽观赏花木。中国栽培绣球花的时间较早，在明、清时代建造的江南园林中都栽有绣球花。20世纪初建设的公园也离不开绣球花的配植。现代公园和风景区成片栽植，形成景观。

图 1-38　绣球花

（图片来源：林方喜 摄）

彩叶类

1.39 红 枫（*Acer palmatum 'Atropurpureum'*）

　　红枫（图 1-39）是槭树科槭树属落叶乔木，主要分布在中国、日本及韩国等地，中国大部分地区均有栽培。红枫树高 2 ～ 8m，叶掌状，春、秋季叶红色。红枫喜欢温暖湿润、气候凉爽的环境，喜光但怕烈日，属中性偏阴树种，红枫也耐寒，冬季气温低至 -20℃，但只要环境良好，仍可露地越冬。对土壤条件要求不严，适宜在肥沃、富含腐殖质的酸性或中性沙壤土中生长，不耐水涝。红枫可以用嫁接和扦插方法繁殖。红枫为名贵的观叶树木，适合种植在庭园和草地。

图 1-39 红 枫

（图片来源：林方喜 摄）

1.40 银 杏(*Ginkgo biloba*)

银杏(图 1-40)为银杏科银杏属落叶乔木,又名白果树。曾广泛分布于北半球的欧洲、亚洲和美洲,第四纪冰川时期绝大多数银杏在欧洲、北美和亚洲许多地区灭绝,只在中国奇迹般地保存下来。现在神农架等地都有野生的银杏群。银杏为落叶大乔木,胸径可达 4m。银杏因其枝条平直,树冠呈较规整的圆锥形,大片的银杏林在视觉效果上具有整体美感。银杏叶在秋季变成金黄色,在阳光的照射下非常美,常被摄影者用作背景。银杏适于生长在水热条件比较优越的亚热带季风区。黄壤或黄棕壤,pH 值 5 ~ 6 最适合银杏生长。一般 3 月下旬—4 月上旬萌芽展叶,10 月下旬—11 月叶片变黄。银杏可用播种、分蘖、扦插和嫁接 4 种方法繁殖。银杏树体高大,树干通直,姿态优美,春夏翠绿,深秋金黄,是优良的景观植物,适宜种植在公园、草地或道路两旁。

图 1-40 银 杏

(图片来源:林方喜 摄)

1.41 枫 香（*Liquidambar formosana*）

　　枫香（图 1-41）是金缕梅科枫香树属落叶乔木，高达 30m，胸径最大可达 1m，原产于中国秦岭及淮河以南各省，多生于平地、村落附近。枫香的叶片春夏翠绿，秋末冬初枫叶黄里透红，是优良的彩叶景观植物。枫香喜温暖湿润气候，性喜光，幼树稍耐阴，对土壤条件要求不高，不耐水涝，在湿润肥沃而深厚的红壤和黄壤中生长良好。枫香可用播种繁殖，可冬播，也可春播。枫香适宜在庭园和草地中孤植和丛植。

图 1-41　枫　香

（图片来源：林方喜　摄）

1.42　红叶石楠（*Photinia × fraseri*）

　　红叶石楠（图1-42）是蔷薇科石楠属杂交种，为常绿小乔木或灌木，主要分布在亚洲东南部和北美洲的亚热带与温带地区。乔木高可达5m、灌木高可达2m。树冠为圆球形，叶片革质，长圆形至倒卵状。红叶石楠喜温暖湿润气候，喜光耐阴，耐水湿，耐寒性好，为深根性树种，须根发达，生长快，萌芽力强，耐修剪。对土壤条件要求不严，以砂质壤土或黏质壤土栽培为宜，在红、黄壤土中也能生长。对气候条件要求不严，能耐 -12℃的低温，但适宜在湿润、背风、向阳的地方栽种，尤以土层深厚、肥沃、腐殖质含量高的土壤中生长良好，主要采用扦插进行繁殖。红叶石楠枝叶茂密，树形整齐，适应性强，生长快又耐修剪，常用于绿篱或片植作色块图案，或修剪成球形、各种动物形象，应用于广场和公园。

图 1-42　红叶石楠

（图片来源：林方喜 摄）

1.43 黄金榕 (*Ficus microcarpa* 'Golden Leaves')

黄金榕（图 1-43）是桑科榕属常绿灌木或小乔木，又名金叶榕，黄金榕产于热带、亚热带的亚洲地区，分布于中国台湾及华南地区，东南亚及澳洲。黄金榕树干多分枝，单叶互生，叶形为椭圆形或倒卵形，叶面光滑，叶缘整齐，叶有光泽，嫩叶呈金黄色，老叶为深绿色。喜温暖而湿润的气候，温度在 25 ～ 30℃时生长较快，耐贫瘠但不耐阴，适应性强，长势旺盛，容易造型，病虫害少，一般土壤均可栽培，主要采用扦插进行繁殖。黄金榕叶色金黄亮丽，易造型，常用于绿篱或片植作色块图案。

图 1-43 黄金榕

（图片来源：林方喜 摄）

1.44 金叶假连翘（*Duranta repens* 'Golden Leaves'）

金叶假连翘（图1-44）是马鞭草科假连翘属常绿灌木，原产于墨西哥至巴西，在中国南方广泛栽培。株高0.2～0.6m，枝下垂或平展，叶对生，叶长卵圆形，色金黄至黄绿，长2～6.5cm，中部以上有粗齿。性喜高温，不耐寒，天气寒冷会导致叶片冻害，要求全日照，喜好强光，能耐半阴，耐旱，在疏松、肥沃、腐殖质丰富和排水良好的土壤中生长良好。生长期要保持水分充足，生育适温22～30℃。繁殖多用扦插或播种方式。金叶假连翘枝条柔软，耐修剪，密生成簇，叶色亮丽，是重要的彩叶地被植物，广泛用于草坪和道路等各类绿地，特别适于作为绿篱种植，也可与其他彩色植物组成模纹花坛。

图1-44 金叶假连翘

（图片来源：林方喜 摄）

1.45　黄金叶（*Duranta repens* 'Dwarf Yellow'）

　　黄金叶（图 1-45）马鞭草科假连翘属植物，又名黄馨梅、矮黄假连翘，原产于美洲热带地区。黄金叶是直立常绿矮小灌木，枝、叶、花均较小，叶色淡黄绿色，单叶对生，卵状椭圆形或卵状披针形。黄金叶性喜高温，不耐寒，喜好强光，耐旱，在疏松、肥沃、腐殖质丰富和排水良好的土壤中生长良好。繁殖多用扦插方式。黄金叶耐修剪，适于作为绿篱或地被植物种植。

图 1-45　黄金叶

（图片来源：林方喜 摄）

1.46　黄金香柳（*Melaleuca bracteata*）

黄金香柳（图 1-46）是桃金娘科白千层属优良彩叶树种，原产于新西兰，适宜在中国南方大部分地区种植。主干直立，枝条柔软密集，金黄色的叶片分布于整个树冠，形成锥形，树形优美，四季金黄，经冬不凋，具有极高观赏价值。喜光，耐寒，可耐 -10 ～ -7℃的低温，耐涝，抗盐碱。采用嫩枝扦插、高空压条法进行繁殖。黄金香柳柔软的金黄色枝条具有很强的抗台风能力，特别适合沿海地区，是目前世界上最流行的、视觉效果最好的彩叶乔木新树种之一。

图 1-46　黄金香柳

（图片来源：林方喜　摄）

1.47 红 车（*Syzygium rehderianum*）

红车（图1-47）是桃金娘科蒲桃属常绿灌木或小乔木，又名红枝蒲桃，分布在广东、广西、海南和福建等地，是南方应用较为普遍的彩叶植物，株高1.5m左右，枝叶繁茂，树形优美，新叶红润鲜亮，随生长变化逐渐呈橙红或橙黄色，老叶则为绿色，一株树上的叶片可同时呈现红、橙、绿3种颜色。红车为阳性植物，比较耐高温，喜欢阳光充足的肥沃土壤，对土质条件要求不严，但在疏松肥沃的土壤中生长良好，树形紧凑，枝叶稠密，新叶萌芽多，色彩鲜红，有利于造型成景，采用播种和扦插进行繁殖。红车主要作绿篱和地被植物广泛应用于城乡景观中，有时也以球形、塔形、自然圆柱形和锥形等造型配置于绿地中。

图 1-47 红 车

（图片来源：林方喜 摄）

绿叶类

1.48 小叶榄仁（*Terminalia mantaly*）

小叶榄仁（图 1-48）是使君子科榄仁树属乔木，别名细叶榄仁，原产于亚洲热带地区（胡益芬，2013）。小叶榄仁主干直立，树冠呈伞状，枝桠自然分层轮生于主干四周，层次分明，水平地向四周开展，枝丫柔软，小叶枇杷形，对羽状脉，叶轮生，深绿色。春季萌发青翠的新叶，随风飘逸，姿态甚为优雅。喜光，耐半阴，耐湿，喜高温湿润气候，生育适温为 23～32℃。根深，抗风，抗污染，生长迅速，以肥沃的沙质土壤为最佳。采用播种和嫁接法进行繁殖。树形虽高，但枝干极为柔软，根群生长稳固后极抗强风吹袭，耐盐分，树姿优雅，是优良的庭园树和行道树。

图 1-48　小叶榄仁

（图片来源：林方喜　摄）

1.49 海南菜豆树（*Radermachera hainanensis*）

海南菜豆树（图 1-49）是紫葳科菜豆树属常绿木本植物，又名绿宝、幸福树，原产于中国广西、海南、广东南部、云南南部和越南。海南菜豆树树形美观，树姿优雅，小叶纸质，长圆状卵形或卵形，两面无毛。海南菜豆树喜疏松土壤及温暖湿润的环境，年平均气温 21 ～ 22.8℃地区生长良好，能耐短期 0℃左右低温，对土壤水肥条件要求较高。采用播种法进行繁殖。海南菜豆树是一种优良的观赏植物，可作绿篱或在庭园种植。

图 1-49 海南菜豆树

（图片来源：林方喜 摄）

1.50 瓜子黄杨（*Buxus sinica*）

　　瓜子黄杨（图 1-50）是黄杨科黄杨属常绿灌木或小乔木，又称黄杨、千年矮，原产于中国中部，海拔 1300m 以下山地有野生。树干灰白光洁，枝条密生，枝四棱形。叶对生，革质，全缘，椭圆或倒卵形，先端圆或微凹，表面亮绿色，背面黄绿色。喜温暖、半阴、湿润气候，耐旱、耐寒、耐修剪，适生于肥沃、疏松、湿润之地，酸性土、中性土或微碱性土均能适应。可采用扦插和播种进行繁殖。瓜子黄杨叶色常绿，生性强健，常用于绿篱、花坛镶边。

图 1-50　瓜子黄杨

（图片来源：林方喜 摄）

1.51　幌伞枫（*Heteropanax fragrans*）

幌伞枫（图 1-51）是五加科幌伞枫属常绿乔木，别名富贵树，分布于中国、印度、不丹、锡金、孟加拉国、缅甸和印度尼西亚。高5～30m，胸径达 70cm，树皮淡灰棕色，枝无刺。叶大，3～5 回羽状复叶；小叶对生，纸质，椭圆形，两面均无毛。喜温暖湿润气候，喜光也耐阴，不耐寒，能耐 5～6℃低温，不耐 0℃以下低温。较耐干旱、贫瘠，但在肥沃和湿润的土壤中生长更佳。幌伞枫常用播种、扦插和压条等方法进行繁殖。幌伞枫树形端正，枝叶茂密，是优良的景观树，在庭园中可孤植或丛植。

图 1-51　幌伞枫

（图片来源：林方喜 摄）

1.52 马拉巴栗（*Pachira glabra*）

马拉巴栗（图1-52）是木棉科瓜栗属常绿小乔木，又名发财树，原产于哥斯达黎加、澳洲及太平洋中的一些小岛屿，我国南部热带地区也有分布。马拉巴栗树高4～5m，树冠较松散，小叶5～11片，具短柄或近无柄，长圆形至倒卵状长圆形。性喜温暖湿润，向阳或稍有疏荫的环境，耐寒力差，幼苗忌霜冻，成年树可耐轻霜，喜肥沃疏松、透气保水的酸性土壤，较耐水湿，也稍耐旱。发财树多用播种繁殖。发财树的叶片平展，没有不良气味，生长繁殖力强，可以适应不同的生态环境，发财树具有很高的观赏价值，可在庭园中孤植或者丛植。

图 1-52　马拉巴栗

（图片来源：林方喜 摄）

1.53　非洲茉莉（*Fagraea ceilanica*）

　　非洲茉莉（图 1-53）是马钱科灰莉属木本植物，原产于我国南部及东南亚。叶对生，肉质，长圆形、椭圆形至倒卵形，长 7 ~ 13cm，宽 3 ~ 4.5cm，顶端渐尖，色若翡翠，油光闪亮，上面深绿色，背面黄绿色。喜温暖，不耐寒冷，非洲茉莉的生长适温为 20 ~ 32℃，气温超过 32℃时生长减慢。好阳光，稍耐阴，喜空气湿度高、通风良好的环境，在疏松肥沃，排水良好的壤土中生长最佳，特别耐反复修剪。采用播种、扦插和分株法进行繁殖。非洲茉莉株型优美，常年翠绿，是一种优良的景观植物，常在庭园或草地种植观赏。

图 1-53　非洲茉莉

（图片来源：林方喜 摄）

1.54　花叶鸭脚木（*Schefflera actinophylla 'variegata'*）

　　花叶鸭脚木（图 1-54）是五加科鹅掌柴属灌木，又名花叶鹅掌柴，分布于南洋群岛一带。鹅掌柴分枝多，枝条紧密。掌状复叶，小叶 6 ~ 9 枚，革质，长卵圆形或椭圆形，叶绿色，叶面具不规则乳黄色至浅黄色。性喜温暖湿润气候，生长快，生长适温 20 ~ 30℃，冬季应不低于 5℃。喜湿怕干，在空气湿度大、土壤水分充足的情况下，茎叶生长茂盛，但水分太多，会引起烂根，对短时干旱和干燥空气有一定适应能力。花叶鸭脚木对光照的适应范围广，在全日照或半阴环境下均能生长，但光照的强弱与叶色有一定关系，光强时叶色趋浅，半阴时叶色浓绿。在明亮的光照下花叶更加鲜艳。土壤以肥沃、疏松和排水良好的砂质壤土为宜。常用扦插、压条和播种繁殖。花叶鸭脚木植株紧密，树冠整齐优美，在庭园中的阴凉之处种植，观赏效果最好。

图 1-54　花叶鸭脚木

（图片来源：林方喜 摄）

1.55 垂 榕 (*Ficus benjamina*)

垂榕（图1-55）是桑科榕属植物，原产于中国、马来西亚及印度。垂榕为常绿灌木或乔木，树形优美，叶片绮丽，耐阴性好，树干直立，灰色，树冠锥形。枝干易生气根，小枝弯垂状，全株光滑，叶椭圆形，互生。喜温暖、湿润和阳光充足环境，生长适温为13～30℃。对光照的适应性较强，对光线条件要求不严。土壤以肥沃疏松的腐叶土为宜，不耐瘠薄和碱性土壤。常用扦插、压条、播种、嫁接和组培繁殖。垂榕枝叶浓密，全年常绿，叶色清新，适合庭园和草地种植。

图1-55 垂 榕

（图片来源：林方喜 摄）

1.56 樟 树（*Cinnamomum Camphora*）

樟树（图 1-56）是樟科樟属常绿乔木，又名香樟，广布于中国长江以南各地。叶互生，卵形，上面光亮，下面稍灰白色。喜光，稍耐阴，喜温暖湿润气候，较耐寒，对土壤条件要求不严，较耐水湿，不耐干旱、瘠薄和盐碱土。生长速度中等，树形巨大如伞。存活期长，可以长成成百上千年的参天古木，有很强的吸烟滞尘、涵养水源、固土防沙和美化环境的能力。该树种枝叶茂密，冠大荫浓，树姿雄伟，是乡村绿化的优良树种，广泛作为庭荫树、行道树、防护林及风景林。可在草地和广场中丛植、群植、孤植。

图 1-56 樟 树

（图片来源：林方喜 摄）

1.57　天竺桂（*Cinnamomum japonicum*）

　　天竺桂（图1-57）是樟科樟属常绿乔木，又名大叶天竺桂、竺香、山肉桂和土肉桂，原产于中国南部。高10～15m，胸径30～35cm，枝条细弱，叶近对生或在枝条上部互生，卵圆状长圆形至长圆状披针形，长7～10cm，宽3～3.5cm。喜温暖湿润气候，较耐寒，在排水良好的微酸性土壤中生长最好，中性土壤也能适应。可用播种和扦插方法繁殖。天竺桂生长快，树姿优美，树叶翠绿，观赏价值高，常用作行道树或庭园树种。

图1-57　天竺桂

（图片来源：林方喜　摄）

1.58 垂 柳（*Salix babylonica*）

　　垂柳（图 1-58）是杨柳科柳属植物，原产于长江流域与黄河流域，其他各地均栽培。叶互生，披针形或条状披针形，长 8～16cm，先端渐长尖，基部楔形，无毛或幼叶微有毛，具细锯齿，托叶披针形。喜温暖湿润气候及潮湿深厚的酸性及中性土壤，较耐寒，特耐水湿。萌芽力强，根系发达，生长迅速。繁殖以扦插为主，也可用种子繁殖。垂柳枝条细长，生长迅速，最宜配植在水边，如桥头、池畔、河流、湖泊等水系沿岸处。与桃花间植可形成桃红柳绿之景，也可作庭荫树和行道树。

图 1-58 垂 柳

（图片来源：林方喜 摄）

1.59 罗汉松（*Podocarpus macrophyllus*）

罗汉松（图1-59）是罗汉松科罗汉松属常绿乔木，产于中国长江以南。罗汉松树姿雅致，树皮灰色或灰褐色，浅纵裂，成薄片状脱落，枝开展或斜展，较密。叶螺旋状着生，条状披针形，微弯，叶色鲜绿。罗汉松喜温暖湿润气候，耐寒性弱，耐阴性强，喜排水良好湿润的砂质壤土，对土壤适应性强，盐碱土中也能生长，对二氧化硫、硫化氢、氧化氮等多种污染气体抗性较强，抗病虫害能力强。可用播种和扦插等方法繁殖。罗汉松是一种高端的景观树，适合进行造型，可作盆栽或者在庭园中种植观赏。

图1-59　罗汉松

（图片来源：林方喜　摄）

1.60 雪 松（*Cedrus deodara*）

　　雪松（图 1-60）是松科雪松属植物，产于亚洲西部、喜马拉雅山西部和非洲，地中海沿岸。常绿乔木，树冠尖塔形，大枝平展，小枝略下垂。叶针形，长 8 ～ 60cm，质硬，灰绿色或银灰色，在长枝上散生，短枝上簇生。雪松在气候温和湿润、土层深厚排水良好的酸性土壤中生长旺盛。喜阳光充足，也稍耐阴。雪松一般用播种和扦插繁殖。雪松是世界著名的庭园观赏树种之一，树体高大，树形优美，最适宜孤植于草坪中央和广场中心。

图 1-60 雪 松

（图片来源：林方喜 摄）

1.61 竹 柏（*Podocarpus nagi*）

竹柏（图1-61）为罗汉松科竹柏属的乔木，别称罗汉柴，竹柏为古老的裸子植物，起源距今约1亿5500万年前的中生代白垩纪，被人们称为活化石，是中国国家二级保护植物。产于浙江、福建、江西、湖南、广东、广西和四川等地，日本也有分布。竹柏高达20m，叶对生，革质，有多数并列的细脉，无中脉。竹柏喜温暖湿润的生长环境，生长适宜温度在18～26℃，较耐阴，对土壤条件要求比较高，在疏松肥沃的沙质土壤中生长良好，在贫瘠的土壤中生长比较缓慢，一般用播种和扦插繁殖。竹柏叶色浓绿，有光泽，四季常青，树冠浓郁，树形优美，观赏价值较高，作为观赏树种被广泛应用于庭园和绿地。

图1-61 竹 柏

（图片来源：艾世昌 摄）

1.62 福建茶 (*Carmona microphylla*)

福建茶（图1-62）为紫草科基及树属常绿灌木，又名基及树，分布于亚洲南部、东南部及大洋洲的巴布亚新几内亚及所罗门群岛，在中国广东西南部、海南岛及台湾有分布。高可达3m，多分枝，叶在长枝上互生，在短枝上簇生，叶小，革质，深绿色，倒卵形或匙状倒卵形，表面有光泽。性喜温暖湿润气候，不耐寒，不耐阴，适生长疏松肥沃及排水良好的微酸性土壤中，萌芽力强，耐修剪。多以扦插繁殖，枝插、根插均可，极易成活。福建茶树形矮小，枝条密集，叶片翠绿，生长力强，耐修剪，常作为绿篱种植。

图 1-62　福建茶

（图片来源：林方喜 摄）

1.63　水　杉（*Metasequoia glyptostroboides*）

　　水杉（图 1-63）是杉科水杉属裸子植物，为我国特产的珍贵树种，仅分布于四川石柱县、湖北利川县及湖南西北部龙山、桑植等地海拔 750～1500m、气候温和、夏秋多雨、酸性黄壤土地区。水杉是落叶乔木，小枝对生，下垂；叶在侧生小枝上列成二列，羽状（中科院昆明植物研究所，2021）。水杉喜深厚肥沃的沙质壤土，在素沙土中也能正常生长，不喜黏性土壤，有一定的耐盐碱力，在 pH 值 8.7、含盐量 0.2% 的轻度盐碱土中能正常生长，喜湿润而不耐涝，也不耐干旱。水杉一般用播种和扦插繁殖。水杉适应性强，生长快，树姿优美，最适于列植，也可丛植、片植，可用于堤岸、湖滨、池畔和庭园等绿化，也可用作行道树。

图 1-63　水　杉

（图片来源：林方喜 摄）

1.64　盆架木（*Winchia calophylla*）

　　盆架木（图 1-64）别称盆架树，是夹竹桃科盆架树属常绿乔木，原产于云南及海南，亚热带常绿阔叶林或热带雨林中，常成群生长，垂直分布可达海拔 1000m。盆架木树形美观，叶色亮绿，分枝层次如塔状。盆架木喜生长在空气湿度大、土壤肥沃和潮湿的环境，在水边和沟边生长良好，但忌土壤长期积水，有一定的抗风和耐污染能力。用播种或扦插繁殖。盆架木常植于公园或作行道树用。

图 1-64　盆架木

（图片来源：林方喜　摄）

1.65 降香黄檀（*Dalbergia odorifera*）

　　降香黄檀（图1-65）是豆科黄檀属乔木，又名黄花梨、花梨母、降香木和香红木，原产于中国海南岛，主要分布于中国海南、广东、福建等地，以及越南和缅甸等地。高10～20m，胸径可达80cm，树冠伞形，树皮浅灰黄色，奇数羽状复叶。降香黄檀适应性强，喜光，生长适温20～30℃，可耐0℃低温，较耐旱，不耐涝，对土壤条件要求不严，用播种方法繁殖。降香黄檀树姿优美，是优良的景观树，常植于公园或作行道树用，因其成材缓慢、木质坚实、花纹漂亮，更位列四大名木之一，是制作高级红木家具、工艺品、乐器的上等材料。

图1-65　降香黄檀

（图片来源：林方喜　摄）

1.66 芒 果（*Mangifera indica*）

　　芒果（图 1-66）是漆树科杧果属常绿乔木，芒果是杧果的通俗名，原产于印度、马来西亚和缅甸。芒果树干直，叶互生，全缘，披针形，革质，稍尖头，新叶为紫红色，老叶为绿色。花小，无梗，淡黄色，果实呈肾脏形。芒果喜高温，不耐寒，生长的最适温度为 24 ～ 27℃，耐旱能力较强，但不耐涝，一般年降雨量在 700mm 以上的地方都能种植。喜温好光，充足的阳光对芒果的生长和结实都极为有利，对土壤质地的要求不是很严格，除了极其贫瘠的盐碱地外，从冲积土到红壤等各类型土壤均能种植，主要用嫁接繁殖。芒果是优良的景观树，可作行道树和庭园树。芒果也是我国南方和世界热带地区最主要的水果之一，此外，芒果中的芒果苷、多酚、β- 胡萝卜素和维生素 C 4 种活性成分具有清除自由基和抗氧化的药理作用（韦会平 等，2020）。

图 1-66 芒 果

（图片来源：林方喜 摄）

1.67　榕　树（*Ficus microcarpa*）

　　榕树（图1-67）是桑科榕属大乔木，分布于中国、斯里兰卡、印度、缅甸、泰国、越南、马来西亚、菲律宾、日本、巴布亚新几内亚和澳大利亚。榕树高达15～25m，冠幅广展，老树常有锈褐色气根，树皮深灰色，叶薄革质，狭椭圆形，表面深绿色，有光泽，全缘。

　　榕树喜阳光充足、温暖湿润气候，不耐寒，适应性强，喜疏松肥沃的酸性土，在瘠薄的沙质土中也能生长。用扦插或压条方法繁殖。榕树树冠大，而且生长期间枝叶繁茂，病虫害少，有很好的庇荫效果，这对于日照强烈的南方地区而言，能够形成一个天然的遮阳伞，特别是在广场的休闲区种植，让游人在休息的时候，感受到天然阴凉，可孤植、群植或作行道树种植。

图 1-67　榕　树

（图片来源：林方喜 摄）

1.68 诺福克南洋杉（*Araucaria heterophylla*）

诺福克南洋杉（图 1-68）是南洋杉科南洋杉属乔木，又名异叶南洋杉、细叶南洋杉、澳洲杉，原产于大洋洲诺福克岛。树干通直，树皮暗灰色，树冠塔形，侧枝轮生，水平展开，幼叶线状针形。幼树的末级小枝的叶细长呈线形、叶尖急尖，生长角小于45°，腹面无明显的脊，成龄株的末级小枝的叶扁平呈鳞片状（Liu et al.，2008）。喜温暖、潮湿的环境，在阳光充足的地方生长良好，抗风能力强（梁育勤，2017），不耐寒冷和干旱，适合于排水良好富含腐殖质的微酸性砂质壤土。繁殖方法有播种和扦插两种，以播种繁殖为主。诺福克南洋杉树形优美，是珍贵的观赏树种，可孤植、列植或配植，也可盆栽观赏，广泛应用于各种景观中，尤其适宜滨海地区。

图 1-68 诺福克南洋杉

（图片来源：林方喜 摄）

2

草本景观植物

2.1 翠芦莉（*Ruellia britoniana*）

翠芦莉（图 2-1）也称芦莉草、人字草，爵床科芦莉草属草本植物，适应性强、花色优雅、花姿美丽、栽培容易、养护简单，花期 5 月底—11 月。植株抗逆性强，适应性广，对环境条件要求不严，耐旱和耐湿力均较强。翠芦莉喜高温，耐酷暑，生长适温 22 ～ 30℃，对土壤条件要求不严，耐贫瘠力强，也耐轻度盐碱土壤。对光照条件要求不严，全日照或半日照均可。可用播种、扦插或分株等方法繁殖，春、夏、秋三季均可进行。适合庭园和公园等公共绿地种植。

图 2-1 翠芦莉

（图片来源：林方喜 摄）

2.2 波斯菊（*Cosmos bipinnata*）

波斯菊（图 2-2）是菊科秋英属草本植物，别名秋英，原产于美洲墨西哥，中国栽培甚广，在路旁、田埂、溪岸也常自生。株高 1 ～ 2m。叶二次羽状深裂，裂片线形或丝状线形。花紫红色、粉红色或白色，花期 6—8 月。喜光，耐贫瘠土壤，忌肥，忌炎热，忌积水，对夏季高温不适应。波斯菊用种子繁殖和扦插繁殖。波斯菊叶形雅致，花色丰富，适于在草地边缘，树丛周围及路旁成片栽植，也可植于篱边、山石和乡村的房前屋后。

图 2-2　乡村中的波斯菊

（图片来源：林方喜 摄）

2.3 硫华菊（*Cosmos sulphureus*）

　　硫华菊（图 2-3）是菊科秋英属草本植物，别名黄秋英，黄波斯菊和硫黄菊，原产于墨西哥至巴西。硫华菊株高 25～65cm，茎细长且分枝多，叶片对生，呈翠绿色，二回羽状复叶。花色从黄色、橙色、橘色到橘红色不等，四季均可开花。喜温暖湿润和阳光充足环境，不耐寒，怕酷热，不耐阴，需疏松肥沃和排水良好的沙壤土，也耐瘠薄土壤。全年均可播种，以春播夏秋开花最佳，也可以夏播秋冬开花或秋播冬天至次年春天开花。硫华菊是花海景观营造的优良植物。硫华菊还是一种镉富集植物，且修复能力较强，可有效地修复镉污染土壤（林立金 等，2016）。

图 2-3 硫华菊

（图片来源：吴建设 摄）

2.4 向日葵（*Helianthus annuus*）

向日葵（图 2-4）是菊科向日葵属草本植物，原产于南美洲。高 1 ~ 3.5m，茎直立，头状花序，直径 10 ~ 30cm，单生于茎顶或枝端，花色金黄。向日葵四季皆可种植，花期可达两周以上。向日葵喜欢充足的阳光，其幼苗、叶片和花盘都有很强的向光性。向日葵植株高大，叶多而密，是耗水较多的植物，对温度的适应性较强，是喜温又耐寒的作物，在整个生育过程中，只要温度不低于 10℃，就能正常生长，在适宜温度范围内，温度越高，发育越快。向日葵对土壤条件要求较低，在各类土壤中均能生长，从肥沃土壤到旱地、瘠薄地、盐碱地均可种植，有较强的耐盐碱能力。向日葵用播种繁殖。向日葵可作庭园种植观赏，也可用于乡村花田景观营造。

图 2-4 向日葵

（图片来源：林方喜 摄）

2.5 虞美人（*Papaver rhoeas*）

虞美人（图 2-5）是罂粟科罂粟属一年生草本植物，别名丽春花、赛牡丹、满园春、仙女蒿、虞美人草、舞草，原产于欧洲，中国各地常见栽培。茎直立，高 25 ～ 90cm，具分枝，叶片轮廓披针形或狭卵形，羽状分裂，裂片披针形，花单生于茎和分枝顶端，花期 5—8 月。虞美人生长发育适温为 5 ～ 25℃，耐寒，怕暑热，喜阳光充足的环境，喜排水良好、肥沃的沙壤土，不耐移栽，忌连作与积水。虞美人主要采用播种繁殖，通常作 2 年生栽培。虞美人为直根性，须根很少，不耐移植，宜直播繁殖。虞美人花色丰富多彩，适宜用于花坛、花境栽植，在公园中成片栽植，能营造出富有魅力的景观。

图 2-5　虞美人

（图片来源：林方喜 摄）

2.6 大花马齿苋（*Portulaca grandiflora*）

大花马齿苋（图 2-6）是马齿苋科马齿苋属草本植物，又名太阳花，原产于南美、巴西、阿根廷、乌拉圭等地。高 10 ～ 30cm。茎平卧或斜升，多分枝，叶密集枝端，不规则互生，叶片细圆柱形，无毛。花单生或数朵簇生枝端，直径 2.5 ～ 4cm，日开夜闭，红色、紫色或黄白色，花期 6—9 月。在温暖、阳光充足的环境生长良好，极耐瘠薄，一般土壤都能适应。用扦插、分株和播种方法繁殖。大花马齿苋品种多，色彩艳，是一种美丽的景观植物，适合用于点缀庭园或草地。

图 2-6　大花马齿苋

（图片来源：林方喜 摄）

2.7　洋桔梗（*Eustoma grandiflorum*）

　　洋桔梗（图 2-7）为龙胆科草原龙胆属宿根草本植物，别名草原龙胆、土耳其桔梗、德州蓝铃，原产于美国南部至墨西哥之间的石灰岩地带。株高 30～100cm。叶对生，阔椭圆形至披针形，几无柄，叶基略抱茎；叶表蓝绿色。花瓣覆瓦状排列，花色丰富，有单色及复色，花瓣有单瓣与双瓣之分。性喜温暖、湿润和阳光充足的环境。较耐旱，不耐水湿，生长适温为 15～28℃。在疏松、肥沃、排水良好、pH值6.5～7.0 的土壤中生长良好。用播种繁殖，因种子非常细小，种子需进行包衣处理。洋桔梗花色典雅明快、花形别致、色彩丰富、花朵美丽，是一种优良的切花和景观植物。

图 2-7　洋桔梗

（图片来源：林方喜 摄）

2.8　马尼拉草（*Zoysia matrella*）

　　马尼拉草（图 2-8）又称沟叶结缕草、半细叶结缕草，禾本科结缕草属低矮草本植物。马尼拉草主要分布于中国台湾、广东、海南等地，亚洲和大洋洲的热带地区也有分布。地生，半细叶，翠绿色，分蘖能力强，观赏价值高。马尼拉草喜温暖、湿润环境，草层茂密，覆盖度大，抗干旱、耐瘠薄，适宜在深厚肥沃、排水良好的土壤中生长，病虫害少，略耐践踏。马尼拉草可使用种子直播方法建坪，也可以利用分株栽植或铺草皮建坪。马尼拉草因具有匍匐生长特性、较强竞争能力及适度耐践踏性，广泛用于各种绿地中。

图 2-8　树下的马尼拉草

（图片来源：林方喜　摄）

3

水生景观植物

3.1 荷 花（*Nelumbo nucifera*）

荷花（图 3-1）为睡莲科莲属多年生草本植物，又名莲花、水芙蓉，原产于亚洲热带和温带地区。地下茎长而肥厚，有长节，叶盾圆形。花期 6—9 月，单生于花梗顶端，花瓣多数，嵌生在花托穴内，有红、粉红、白、紫等色。

中国早在周朝就有栽培记载。荷花全身皆宝，藕和莲子能食用，莲子、根茎、藕节、荷叶、花及种子的胚芽等都可入药。其出淤泥而不染的品格为世人称颂。"接天莲叶无穷碧，映日荷花别样红"就是对荷花之美的真实写照。荷花"中通外直，不蔓不枝""出淤泥而不染，濯清涟而不妖"的高尚品格，为古往今来诗人墨客歌咏绘画的题材之一。

荷花一般分布在中亚、西亚、北美，印度、中国、日本等亚热带和温带地区。荷花在中国南起海南岛（北纬 19 度左右），北至黑龙江的富锦（北纬 47.3 度），东临上海及中国台湾，西至天山北麓，除西藏自治区和青海省外，全国大部分地区都有分布。垂直分布可达海拔 2000m，在秦岭和神农架的深山池沼中也可见到。

相对稳定的平静浅水、湖沼、泽地、池塘是荷花适生地。荷花的需水量依其品种而定，大株型品种如古代莲、红千叶相对水位深一些，但不能超过 1.7m，中小株型只适于 20 ～ 60cm 的水深。同时荷花对失水十分敏感，夏季只要 3 小时不灌水，水缸所栽荷叶便萎靡，若停水一日，则荷叶边焦，花蕾回枯。荷花还非常喜光，生育期需要全光照的环境。荷花极不耐阴，在半阴处生长就会表现出强烈的趋光性。

荷花可用播种和分藕等方法繁殖，荷花的肥料以磷钾肥为主，辅以氮肥。建设荷花园可以改善景观质量，并为游客提供观光休闲场所。

图 3-1 荷 花

（图片来源：林方喜 摄）

3.2 睡 莲（*Nymphaea tetragona*）

　　睡莲（图 3-2）是睡莲科睡莲属多年生草本植物，原产于北非和东南亚热带地区，少数产于南非、欧洲和亚洲的温带和寒带地区。叶椭圆形，浮生于水面，全缘，叶基心形，叶表面浓绿，背面暗紫。花单生，浮在水面或高出水面，白天开花夜间闭合，花色有白色、蓝色、黄色和粉红色等多种颜色，5—8 月陆续开花。睡莲喜阳光和通风良好，对土质条件要求不严，pH 值 6 ～ 8，均可正常生长，最适水深 25 ～ 30cm，最深不得超过 80cm，富含有机质的土壤最适宜生长。睡莲主要采取分株繁殖，也可采用播种繁殖。睡莲是水花园中的重要景观植物之一，睡莲盆栽与水石盆景的组合，可以产生良好的景观效果。

图 3-2　睡　莲

（图片来源：张燕青 摄）

3.3 鸢 尾 (*Iris tectorum*)

鸢尾（图 3-3）是鸢尾科鸢尾属多年生植物，原产于中国、日本，主要分布在中国中南部。叶长 15 ～ 50cm，宽 1.5 ～ 3.5cm，直径约 10cm，春夏季开花，花期 3 个月左右。生于沼泽或浅水中，喜阳光充足和凉爽的气候，耐寒力较强，也耐半阴环境。多采用分株和播种法繁殖。鸢尾属植物全世界共有 300 余种，包括德国鸢尾（*I. germanica*）、蝴蝶花（*I. japonica*）等，品种更是多达 2 万种以上（王文静 等，2008）。鸢尾属植物叶片翠绿，花姿奇特，花色艳丽、丰富，栽培历史悠久，是水花园中的重要景观植物之一。鸢尾属植物常常栽植于河边、湖畔、池旁或者布置成鸢尾属植物专类园，也可用作切花及地被植物（郑林，2020）。

图 3-3　多品种鸢尾组合种植的花丛

（图片来源：林方喜 摄）

3.4 美人蕉（*Canna indica*）

美人蕉（图3-4）是美人蕉科美人蕉属多年生草本植物，原产于热带美洲、印度、马来半岛等热带地区。株高可达1.5m，单叶互生，花单生或对生，花红色或黄色，花期3—12月，是亚热带和热带常用的观花植物。喜温暖湿润气候，不耐霜冻，生育适温25～30℃，喜阳光充足土地肥沃，适应性强，几乎不择土壤，以肥沃湿润的疏松沙壤土为好，稍耐水湿。用播种和分株法繁殖。美人蕉品种多，观赏价值高，是水花园中的重要景观植物之一，也可以种植在庭园和草地中。

图3-4 美人蕉

（图片来源：林方喜 摄）

3.5　粉绿狐尾藻（*Myriophyllum aquaticum*）

　　粉绿狐尾藻（图 3-5）是小二仙草科狐尾藻属植物，原产于南美洲的阿根廷、巴西、乌拉圭、智利。多年生沉水或挺水草本，株高 50 ～ 80cm，雌雄异株，茎直立，叶二型，沉水叶羽状复叶轮生，挺水叶羽状复叶轮生，每轮 6 枚，小叶线形，深绿色，花细小，白色，花期 7—8 月。粉绿狐尾藻喜日光充足、温暖的环境，怕冻害，在 26 ～ 30℃的温度范围生长良好，越冬温度不宜低于 5℃。以扦插法繁殖为主，也可采用分株繁殖。粉绿狐尾藻叶色粉绿，在水面上呈现一片生机勃勃的景色，具有较高的美学价值，适合人工水体造景，而且它高度耐污且具有明显的净化作用，是近年来常用作重富营养水体生态修复的先锋植物（金春华 等，2011）。但由于其适应性极强，生长极快，种群优势突出，如果进入自然水域，能迅速严密覆盖整个水面，改变水域生态环境，干扰水域物种多样性，从而影响整个生态系统，因此要控制引种，注意勿将其残株抛弃于自然水域中。

图 3-5　粉绿狐尾藻

（图片来源：林方喜 摄）

3.6 花叶芦竹（*Arundo donax* var. *versicolor*）

花叶芦竹（图3-6）是禾本科芦竹属植物，为芦竹的变种（陈煜初 等，2016）。原产于地中海一带，在中国广东、海南、广西、贵州、云南、台湾等南方地区种植（翁春雨 等，2016）。多年生草本植物，根状茎发达。高可达6m，坚韧，常生分枝，叶片扁平、伸长，具白色纵长条纹，上面与边缘微粗糙，基部白色，抱茎。花叶芦竹常生长于河边、沼泽地、湖边大面积形成芦苇荡。喜光、喜温、耐水湿，不耐干旱和强光，喜疏松、肥沃及排水好的砂壤土。采用分株和扦插法繁殖。花叶芦竹植株挺拔，色彩亮丽，很适合在滨水地块种植。花叶芦竹潜流人工湿地对生活污水有较好的净化效果，在理论水力停留时间（HRT）为5天时，对 NH_4^+-N、TN 和 TP 的平均去除率分别为93%、88%和98%（谢龙 等，2009）。

图3-6 花叶芦竹

（图片来源：林方喜 摄）

藤本景观植物

4.1 紫 藤（*Wisteria sinensis*）

紫藤（图 4-1）是豆科紫藤属落叶攀援缠绕性大型藤本植物，原产于中国，朝鲜、日本也有分布。春季开花，蝶形花冠，花紫色或深紫色，十分美丽。紫藤对气候和土壤的适应性强，较耐寒，能耐水湿及瘠薄土壤，喜光，较耐阴。在土层深厚，排水良好，向阳避风的地方栽培生长良好。主根深，侧根浅，不耐移栽。生长较快，寿命很长，缠绕能力强，它对其他植物有绞杀作用。紫藤繁殖容易，可用播种、扦插、压条、分株和嫁接等方法繁殖。紫藤最好的景观应用是作为藤本植物攀缘于藤架上。

图 4-1 紫 藤

（图片来源：林方喜 摄）

4.2 炮仗花（*Pyrostegia venusta*）

　　炮仗花（图4-2）是紫葳科炮仗藤属藤本植物，别名黄鳝藤，原产于南美洲巴西。红橙色的花朵累累成串，状如鞭炮，故称炮仗花，花期长，冬季开花。喜向阳环境，在肥沃、湿润和酸性的土壤中生长迅速。由于卷须多生于上部枝蔓茎节处，故全株得以固着在他物上生长。用压条繁殖或扦插繁殖，压条繁殖可在春季或夏季进行，1个月左右开始发根，3个月左右可分离母株移植，扦插繁殖于春夏进行。在热带亚洲已广泛作为庭园观赏藤本植物栽培，多植于庭园建筑物的四周，攀援于栅架、凉棚、花门和栅栏上。

图 4-2　炮仗花

（图片来源：林方喜 摄）

4.3 三角梅（*Bougainvillea spectabilis*）

三角梅（图4-3）是紫茉莉科叶子花属木质藤本植物，茎有弯刺，原产于南美洲的巴西。花有鲜红、橙黄、紫红和乳白等色彩，因其形状似叶，故称其为叶子花，几乎全年都在开花。三角梅喜温暖湿润、阳光充足的环境，对土壤条件要求不严，土壤以排水良好的砂质壤土最为适宜。性喜温暖、湿润的气候和阳光充足的环境，适宜生长温度为 20 ～ 30℃。不耐寒，耐干旱，耐修剪，忌积水。多采用扦插繁殖，也可以采用高压和嫁接法繁殖。三角梅常用于庭园中的花篱和棚架。

图 4-3 三角梅

（图片来源：林方喜 摄）

4.4 爬墙虎（*Parthenocissus tricuspidata*）

爬墙虎（图4-4）是葡萄科地锦属多年生落叶藤本植物，又称波士顿常春藤（Bridwell，2003）、常青藤、爬山虎和地锦等，原产于亚洲东部、喜马拉雅山区及北美洲。夏季开花，花小，黄绿色，浆果紫黑色。爬墙虎适应性强，性喜阴湿环境，耐寒，耐旱，耐贫瘠，气候适应性广泛，在暖温带以南冬季也可以保持半常绿或常绿状态。耐修剪，怕积水，对土壤条件要求不严，阴湿环境或向阳处，均能茁壮生长，但在阴湿、肥沃的土壤中生长最佳。它对二氧化硫和氧化氢等有害气体有较强的抗性，对空气中的灰尘有吸附能力，可用扦插繁殖。爬墙虎常攀缘在墙壁或岩石上，占地少，生长快，绿化覆盖面积大，是垂直绿化中应用最多的藤本植物之一。

图4-4 爬墙虎

（图片来源：林方喜 摄）

4.5 使君子（*Quisqualis indica*）

使君子（图 4-5）是使君子科使君子属藤本植物，别名四君子，原产于四川、贵州至南岭以南各地，主产福建、江西南部、湖南、广东、广西、四川、云南、贵州。使君子的花朵美丽鲜艳，花期在初夏，开花较为奇特，初开时可以看见近乎白色的花朵，渐渐地变成粉色，再变为艳丽的红色。可以在一株使君子植株上看见红、粉和白几种颜色的花朵，十分别致。使君子喜光，耐半阴，喜高温多湿气候，不耐寒，不耐干旱，在富含有机质的沙质壤土上生长最佳。使君子可以用扦插、高压、分蘖以及播种等多种方法繁殖。使君子是一种大众熟悉的中药，其性甘、温，具有杀虫、消积、健脾等功用（邹锡强，1995）。使君子攀援性较强，可以用于绿化美化棚架和栅栏，精致的花朵和轻盈的株型，在炎炎的夏日，给人一种清爽的感觉。

图 4-5　使君子

（图片来源：林方喜 摄）

4.6 凌 霄 (*Campsis grandiflora*)

凌霄（图4-6）是紫葳科紫葳属藤本植物，别名紫葳，分布于中国华东、华中、华南等地。茎木质，表皮脱落，枯褐色，以气生根攀附于他物之上，叶对生，为奇数羽状复叶顶生疏散的短圆锥花序；顶生圆锥花序，由三出聚伞花序集成，萼筒钟状，浅绿色，5裂至中部，花冠唇状漏斗形，橙红色，花大，花径约6cm；花期5—8月。喜充足阳光，也耐半阴，适应性较强，耐寒、耐旱、耐瘠薄，病虫害较少，但不适宜在暴晒或无阳光下，以排水良好、疏松的中性土壤为宜，忌酸性土，较耐水湿，并有一定的耐盐碱能力。主要用扦插、压条繁殖，也可分株或播种繁殖。凌霄干燥的花，性味甘、酸、寒，有凉血、化瘀、祛风之功效，作为我国传统的中药，中医临床应用十分广泛（杨阳 等，2010），凌霄花在改善血液循环、抑制血栓、抗氧化、抗炎等方面作用明显（江灵礼 等，2014）。凌霄虬曲多姿，翠叶如盖，花大色艳，花期长久，管理粗放，适应性强，可用于庭园中棚架、花门、墙垣、石壁，是优良的藤本景观植物。

图4-6 凌 霄

（图片来源：林方喜 摄）

5

芳香景观植物

5.1 桂 花（*Osmanthus fragrans*）

桂花（图 5-1）系木犀科木犀属常绿灌木或小乔木，其园艺品种繁多。桂花原产于中国西南喜马拉雅山、印度和尼泊尔。桂花是中国传统十大名花之一，中秋时节，桂花怒放，香气扑鼻，令人神清气爽。桂花经过自然杂交和人工选育，产生了许多栽培品种，桂花主要分为以下 4 个品种群。

（1）丹桂品种群

常绿灌木，树冠圆球形。花期 9—10 月，花色橙红至朱红色，气味浓郁，有大花丹桂、齿丹桂、朱砂丹桂、宽叶红等品种。

（2）金桂品种群

常绿性小乔木，树冠圆球形，树势强健，枝条挺拔，十分紧密。秋季开花，有浓香，花柠檬黄至金黄色。品种有大花金桂、大叶黄、潢川金桂、晚金桂、圆叶金桂、咸宁晚桂、球桂、圆瓣金桂、柳叶苏桂、金师桂、波叶金桂等。

（3）银桂品种群

常绿性小乔木，树冠圆球形，大枝开展，枝叶稠密，长势良好。9 月开花，花色纯白、乳白、黄白色或淡黄色，香气浓郁。品种有宽叶籽银桂、柳叶银桂、硬叶银桂、籽银桂、九龙桂、早银桂、晚银桂、白洁、纯白银桂、青山银桂等。

（4）四季桂品种群

丛生灌木状，树形低矮，分枝短密，树冠圆球形。每年 9 月至翌年 3 月分批开花。花色较淡，为乳黄色至柠檬黄色，花香不及银桂、金桂、丹桂浓郁，品种有月月桂、日香桂、大叶佛顶珠、齿叶四季桂等。

桂花性喜温暖，湿润，适生长温度 15 ～ 28℃，能耐最低温度 -13℃。湿度对桂花生长发育极为重要，要求年平均湿度 75% ～ 85%，年降水量 1000mm 左右。桂花可用播种、嫁接、扦插和压条 4 种方法进行繁殖。桂花终年常绿，枝繁叶茂，花香四溢，是优良的景观树，常在庭园和草地中孤植和丛植。

图 5-1 丹 桂

（图片来源：林方喜 摄）

5.2 蜡梅（*Chimonanthus praecox*）

蜡梅（图5-2）是蜡梅科蜡梅属落叶灌木，原产于我国中部。蜡梅性喜阳光，能耐阴、耐寒、耐旱，忌渍水。蜡梅花在霜雪寒天傲然开放，花黄似蜡，浓香扑鼻，是冬季观赏的主要花木。耐寒，在不低于−15℃时能安全越冬，花期如果遇−10℃低温，花朵会受冻害。在土层深厚、肥沃、疏松和排水良好的微酸性沙质壤土中生长良好，在盐碱地上生长不良。耐旱性较强，怕涝，故不宜在低洼地栽培。树体生长势强，分枝旺盛，根茎部易生萌蘖。耐修剪，易整形。先花后叶，花期11月至翌年3月。蜡梅繁殖一般以嫁接为主，分株、播种、扦插和压条也可。蜡梅在百花凋零的隆冬绽放，香气四溢，沁人心脾，适宜在庭园和公园栽植。

图5-2　蜡　梅

（图片来源：林方喜　摄）

5.3 白兰花（*Michelia alba*）

　　白兰花（图 5-3）是木兰科含笑属常绿乔木，原产于印度尼西亚爪哇，中国福建、广东、广西和云南等省区栽培较多。花洁白清香，花期 4—9 月，夏季盛开。性喜光照和温暖湿润，不耐寒，适合于微酸性土壤，不耐干旱和水涝，对二氧化硫、氯气等有毒气体比较敏感，抗性差。多用嫁接繁殖，也可用空中压条或靠接繁殖。白兰花的花期长，叶色浓绿，为著名的庭园观赏树种。

图 5-3　白兰花

（图片来源：林方喜　摄）

5.4 茉 莉（*Jasminum sambac*）

茉莉（图 5-4）为木犀科素馨属常绿灌木，原产于印度和阿拉伯国家，在亚热带地区广泛种植。茉莉枝条细长，叶色翠绿，略呈藤本状，高可达 1m，花期 5—11 月，花色洁白，香气浓郁，有着良好的保健和美容功效。茉莉喜温暖湿润和阳光充足的环境，以含有大量腐殖质的微酸性砂质壤土为最适合，不耐寒和干旱，冬季气温低于 3℃时，枝叶易遭受冻害，可用扦插和压条方法进行繁殖。茉莉常用于庭园丛植和花田。

图 5-4 茉 莉

（图片来源：林方喜 摄）

5.5 米 兰（*Aglaia odorata*）

米兰（图 5-5）是楝科米仔兰属的常绿灌木或小乔木，学名米仔兰，又名树兰、四季米兰，原产于中国福建、广东、广西和云南等省区。羽状复叶，互生，复叶有 3 ~ 7 片倒卵圆形的小叶，全缘，叶面深绿色，有光泽。小型圆锥花序，着生于树端叶腋。花很小，直径约 2mm，黄色，香气甚浓，花期很长，以夏、秋两季开花最盛。米兰喜温暖湿润的气候，怕寒冷，适合生于肥沃、疏松和富含腐殖质的微酸性沙质土中，对低温十分敏感，在很短时间的零下低温就能造成整株死亡，常用扦插繁殖。米兰醇香诱人，为优良的芳香植物，开花季节浓香四溢，可应用于庭园和公共绿地景观中。

图 5-5 米 兰

（图片来源：林方喜 摄）

6

竹类景观植物

6.1 刚 竹（*Phyllostachys Viridis*）

刚竹（图 6-1）是禾本科刚竹属植物，原产于中国，主要分布在我国长江流域地区。刚竹竿高 5～10m，直径 4～10cm，幼时无毛，微被白粉，绿色，长大的竹竿呈绿色或黄绿色，4 月出笋。刚竹抗性强，适应酸性土至中性土，在 pH 值 8.5 左右的碱性土及含盐 0.1% 的轻盐土也能生长，但忌排水不良，能耐 −18℃ 的低温，可用移植母株或播种繁殖。刚竹竿高挺秀，枝叶青翠，是重要的观赏竹种之一，可配植于建筑前后、山坡、水池边、草坪一角，宜在居民新村、风景区种植。

图 6-1 刚 竹

（图片来源：林方喜 摄）

6.2 紫 竹（*Phyllostachys nigra*）

　　紫竹（图 6-2）是禾本科刚竹属植物，原产于中国，南北各地都有栽培。竿高 4～8m，直径可达 3～5cm，幼竿绿色，密被细柔毛及白粉，一年生以后的竹竿逐渐出现紫斑，最后全部变为紫黑色。紫竹喜温暖湿润气候，耐寒，能耐 –20℃低温，年平均温度不低于 15℃、年降水量不少于 800mm 地区都能生长。耐阴、忌积水、适合砂质排水性良好的土壤，对气候适应性强，好光而喜凉爽，对土壤的要求不严，以土层深厚、肥沃、湿润而排水良好的酸性土壤最宜。紫竹虽可种子繁殖，但一般多用移竹繁殖。紫竹竿紫黑，叶翠绿，为优良观赏竹种，宜种植于庭园山石之间、小径和水池旁。

图 6-2　紫 竹

（图片来源：马超 摄）

7

棕榈类景观植物

7.1 大王椰子（*Roystonea regia*）

大王椰子（图 7-1）是棕榈科王棕属植物，原产于古巴、牙买加和巴拿马，是古巴的国树，广泛种植于热带和亚热带地区作观赏用。大王椰子单干高耸挺直，高可达 15 ～ 20m，干平滑，幼株基部膨大，成株中下部膨大，叶羽状全裂，长可达 3 ～ 4m，小叶披针形。大王椰子喜温暖、潮湿和光照充足的环境，要求土壤排水良好，土层深厚，以含腐殖质之壤土或砂质壤土最佳。生育适温为 28 ～ 32℃，安全越冬温度为 10 ～ 12℃，遇短期 0 ～ 5℃低温甚至遇轻霜仍无恙，具较强的抗旱力，也抗强风，可用播种法繁殖。大王椰子高大雄伟，姿态优美，四季常青，树干挺直，是热带及南亚热带地区最常见的棕榈类植物，丛植于草坪之中，错落有致，充满热带风光。

图 7-1 大王椰子

（图片来源：林方喜 摄）

7.2 加拿利海枣(*Phoenix canariensis*)

　　加拿利海枣(图 7-2)是棕榈科刺葵属景观树，原产于非洲加拿利群岛，在南方地区广泛栽培。加拿利海枣株高 10 ～ 15m，茎秆粗壮，具波状叶痕，羽状复叶，顶生丛出，较密集，长可达 6m，每叶有 100 多对小叶，小叶狭条形。性喜温暖湿润的环境，喜光又耐阴，抗寒抗旱，生长适温 20 ～ 30℃，对栽培土壤条件要求不严，但以土质肥沃、排水良好的壤土最佳，采用播种繁殖。加拿利海枣是著名的景观树，单干粗壮，直立雄伟，树形优美舒展，可孤植作景观树，或列植作行道树。

图 7-2　加拿利海枣

(图片来源：林方喜　摄)

7.3 银海枣（*Phoenix sylvestris*）

　　银海枣（图 7-3）是棕榈科刺葵属景观树，别名中东海枣，原产于印度和缅甸。银海枣树干粗壮，株高 10 ~ 16m，胸径 30 ~ 33cm，叶长 3 ~ 5m，羽状全裂，灰绿色。耐高温、耐涝、耐旱、耐盐碱、耐霜冻，喜阳光，对栽培土壤条件要求不严，但以土质肥沃、排水良好的土壤最佳，采用播种繁殖。银海枣树干高大挺拔，形态优美，可孤植于水边、草坪中作景观树或列植为行道树。

图 7-3　银海枣

（图片来源：林方喜 摄）

7.4 金山葵（*Syagrus romanzoffiana*）

金山葵（图 7-4）是棕榈科金山葵属常绿乔木，别名皇后葵，原产于巴西、阿根廷和玻利维亚。金山葵干高 10 ～ 15m，直径 20 ～ 40cm。叶羽状全裂，长 4 ～ 5m，羽片多，每 2 ～ 5 片靠近成组排列成几列，每组之间稍有间隔，线状披针形。金山葵喜温暖、湿润、向阳和通风的环境，生长适温为 22 ～ 28℃，能耐 -2℃低温，有较强的抗风性，喜疏松、肥沃和富含腐殖质的中性土壤，不耐干旱瘠薄，不耐水涝，较耐旱。采用播种和分株方法繁殖。金山葵树形蓬松自然、高大优美，是优良的景观树，可种植于草地或滨水区，也可用作行道树。

图 7-4 金山葵

（图片来源：林方喜 摄）

7.5 散尾葵 (*Chrysalidocarpus lutescens*)

　　散尾葵（图 7-5）是棕榈科、散尾葵属丛生常绿灌木或小乔木，别名黄椰子、紫葵，原产于非洲马达加斯加岛。茎干光滑，黄绿色，无毛刺，嫩时披蜡粉，上有明显叶痕，纹状呈环。叶面滑细长，羽状全裂，长 40 ～ 150cm，叶柄稍弯曲，先端柔软。散尾葵喜温暖湿润、半阴且通风良好的环境，怕冷，耐寒力弱，越冬最低温度需在 10℃以上，5℃左右就会冻死，喜疏松、排水良好、肥沃的土壤。散尾葵枝条开张，枝叶细长而略下垂，株型优美，是著名的热带观叶植物，适宜栽种在庭园中的草地和墙角处。

图 7-5　散尾葵

（图片来源：林方喜　摄）

REFERENCE 参考文献

陈煜初，周世荣，付彦荣，等，2016．水生植物园林应用指南［M］．武汉：华中科技大学出版社．

胡益芬，2013．小叶榄仁实用栽培技术［J］．林业勘察设计（1）：110-112．

黄宝琼，1992．黄槐的矮化栽培技术［J］．广东园林（3）：27．

江灵礼，苗明三，2014．凌霄花化学、药理及临床应用特点探讨［J］．中医学报，29（7）：1016-1018．

金春华，陆开宏，胡智勇，等，2011．粉绿狐尾藻和凤眼莲对不同形态氮吸收动力学研究［J］．水生生物学报，35（1）：75-79．

李彬，2004．黄花槐播种育苗试验初报［J］．重庆林业科技（1）：12，13-14．

梁育勤，黄小萍，陈佳伟，2017．厦门4种南洋杉科植物的抗风性比较［J］．福建林业科技，44（3）：139-142，147．

林立金，马倩倩，石军，等，2016．花卉植物硫华菊的镉积累特性研究［J］．水土保持学报，30（3）：141-146．

唐洪辉，赵庆，杨洋，等，2018．银叶金合欢在风景林改造中的应用［J］．林业与环境科学，34（6）：77-84．

王文静，王鹏，乔卿梅，等，2008．鸢尾属植物的分类及应用价值［J］．安徽农业科学，36（3）：1001-1002，1027．

韦会平，郑毅，韩洪波，等，2020．芒果清除自由基活性成分及抗氧化作用研究［J］．南方农业学报，51（4）：922-928．

翁春雨，任军方，王春梅，等，2018．花叶芦竹及其优化栽培技术［J］．现代园艺（3）：52．

谢龙，汪德爟，2009．花叶芦竹潜流人工湿地处理生活污水的研究［J］．中国给水排水，25（5）：89-91．

杨阳，汪念，张慰，等，2010．凌霄花及其复方制剂的临床应用［J］．中国实用医药, 5（1）：132-133.

郑林, 2020. 常见鸢尾属植物的栽培技术及园林应用探究 [J]. 南方农业, 14（24）：55, 105.

中国科学院植物研究所, [2021-05-10]. 细叶萼距花 *Cuphea hyssopifolia* [DB/OL]. 植物智——植物物种信息系统. http://www.iplant.cn/info/%E7%BB%86%E5%8F%B6%E8%90%BC%E8%B7%9D%E8%8A%B1.

中科院昆明植物研究所, [2021-04-28]. 黄槐决明 *Cassia surattensis* Burm.f. [DB/OL]. 中国植物物种信息数据库. http://db.kib.ac.cn/CNFlora/SearchResult.aspx?id=11255.

中科院昆明植物研究所, [2021-04-28]. 紫玉兰 *Magnolia liliiflora* [DB/OL]. 中国植物物种信息数据库. http://db.kib.ac.cn/YNFlora/SearchResult.aspx?id=12107.

邹锡强, 1995. 美丽的药用花卉——使君子 [J]. 花木盆景（花卉园艺）(4)：10.

Bridwell F M, 2003. Landscape Plants: Their Identificatio, culture, and Use, Seccond Edition [M]. New York: Delmar Publishers.

LIU H S, LIU C Q, 2008. Revision of two species of Araucaria (Araucariaceae) in Chinese taxonomic literature [J]. Journal of Systematics and Evolution, 46（6）：933-937.